WIESO IST UNS DIESER PUNKT WICHTIG?

BIS WANN WERDEN WIR DEN PUNKT UMSETZEN?

AN DIESEM TAG HABEN WIR IHN TATSÄCHLICH UMGESETZT:

SO WAR DIE ERFAHRUNG FÜR UNS:

DIES HAT UNS BESONDERS GEFALLEN:

DAS HABEN WIR DARAUS
GELERNT:

WIESO IST UNS DIESER PUNKT WICHTIG?

BIS WANN WERDEN WIR DEN PUNKT UMSETZEN?

AN DIESEM TAG HABEN WIR IHN TATSÄCHLICH UMGESETZT:

SO WAR DIE ERFAHRUNG FÜR UNS:

DIES HAT UNS BESONDERS GEFALLEN:

DAS HABEN WIR DARAUS
GELERNT:

———————————————————————

———————————————————————

———————————————————————

———————————————————————

FOTO

WIESO IST UNS DIESER PUNKT WICHTIG?

BIS WANN WERDEN WIR DEN PUNKT UMSETZEN?

AN DIESEM TAG HABEN WIR IHN TATSÄCHLICH UMGESETZT:

SO WAR DIE ERFAHRUNG FÜR UNS:

DIES HAT UNS BESONDERS GEFALLEN:

DAS HABEN WIR DARAUS
GELERNT:

WIESO IST UNS DIESER PUNKT WICHTIG?

BIS WANN WERDEN WIR DEN PUNKT UMSETZEN?

AN DIESEM TAG HABEN WIR IHN TATSÄCHLICH UMGESETZT:

SO WAR DIE ERFAHRUNG FÜR UNS:

DIES HAT UNS BESONDERS GEFALLEN:

DAS HABEN WIR DARAUS
GELERNT:

FOTO

WIESO IST UNS DIESER PUNKT WICHTIG?

BIS WANN WERDEN WIR DEN PUNKT UMSETZEN?

AN DIESEM TAG HABEN WIR IHN TATSÄCHLICH UMGESETZT:

SO WAR DIE ERFAHRUNG FÜR UNS:

DIES HAT UNS BESONDERS GEFALLEN:

DAS HABEN WIR DARAUS
GELERNT:

WIESO IST UNS DIESER
PUNKT WICHTIG?

BIS WANN WERDEN WIR DEN
PUNKT UMSETZEN?

AN DIESEM TAG HABEN WIR
IHN TATSÄCHLICH
UMGESETZT:

SO WAR DIE ERFAHRUNG FÜR
UNS:

DIES HAT UNS BESONDERS
GEFALLEN:

DAS HABEN WIR DARAUS GELERNT:

FOTO

WIESO IST UNS DIESER PUNKT WICHTIG?

BIS WANN WERDEN WIR DEN PUNKT UMSETZEN?

AN DIESEM TAG HABEN WIR IHN TATSÄCHLICH UMGESETZT:

SO WAR DIE ERFAHRUNG FÜR UNS:

DIES HAT UNS BESONDERS GEFALLEN:

DAS HABEN WIR DARAUS
GELERNT:

FOTO

WIESO IST UNS DIESER
PUNKT WICHTIG?

BIS WANN WERDEN WIR DEN
PUNKT UMSETZEN?

AN DIESEM TAG HABEN WIR
IHN TATSÄCHLICH
UMGESETZT:

SO WAR DIE ERFAHRUNG FÜR
UNS:

DIES HAT UNS BESONDERS
GEFALLEN:

DAS HABEN WIR DARAUS
GELERNT:

WIESO IST UNS DIESER
PUNKT WICHTIG?

BIS WANN WERDEN WIR DEN
PUNKT UMSETZEN?

AN DIESEM TAG HABEN WIR
IHN TATSÄCHLICH
UMGESETZT:

SO WAR DIE ERFAHRUNG FÜR
UNS:

DIES HAT UNS BESONDERS
GEFALLEN:

DAS HABEN WIR DARAUS
GELERNT:

WIESO IST UNS DIESER
PUNKT WICHTIG?

BIS WANN WERDEN WIR DEN
PUNKT UMSETZEN?

AN DIESEM TAG HABEN WIR
IHN TATSÄCHLICH
UMGESETZT:

SO WAR DIE ERFAHRUNG FÜR
UNS:

DIES HAT UNS BESONDERS
GEFALLEN:

DAS HABEN WIR DARAUS
GELERNT:

FOTO

WIESO IST UNS DIESER PUNKT WICHTIG?

BIS WANN WERDEN WIR DEN PUNKT UMSETZEN?

AN DIESEM TAG HABEN WIR IHN TATSÄCHLICH UMGESETZT:

SO WAR DIE ERFAHRUNG FÜR UNS:

DIES HAT UNS BESONDERS GEFALLEN:

DAS HABEN WIR DARAUS
GELERNT:

FOTO

WIESO IST UNS DIESER
PUNKT WICHTIG?

BIS WANN WERDEN WIR DEN
PUNKT UMSETZEN?

AN DIESEM TAG HABEN WIR
IHN TATSÄCHLICH
UMGESETZT:

SO WAR DIE ERFAHRUNG FÜR
UNS:

DIES HAT UNS BESONDERS
GEFALLEN:

DAS HABEN WIR DARAUS GELERNT:

FOTO

WIESO IST UNS DIESER
PUNKT WICHTIG?

BIS WANN WERDEN WIR DEN
PUNKT UMSETZEN?

AN DIESEM TAG HABEN WIR
IHN TATSÄCHLICH
UMGESETZT:

SO WAR DIE ERFAHRUNG FÜR
UNS:

DIES HAT UNS BESONDERS
GEFALLEN:

DAS HABEN WIR DARAUS
GELERNT:

WIESO IST UNS DIESER
PUNKT WICHTIG?

BIS WANN WERDEN WIR DEN
PUNKT UMSETZEN?

AN DIESEM TAG HABEN WIR
IHN TATSÄCHLICH
UMGESETZT:

SO WAR DIE ERFAHRUNG FÜR
UNS:

DIES HAT UNS BESONDERS
GEFALLEN:

DAS HABEN WIR DARAUS
GELERNT:

FOTO

WIESO IST UNS DIESER PUNKT WICHTIG?

BIS WANN WERDEN WIR DEN PUNKT UMSETZEN?

AN DIESEM TAG HABEN WIR IHN TATSÄCHLICH UMGESETZT:

SO WAR DIE ERFAHRUNG FÜR UNS:

DIES HAT UNS BESONDERS GEFALLEN:

DAS HABEN WIR DARAUS
GELERNT:

FOTO

WIESO IST UNS DIESER
PUNKT WICHTIG?

BIS WANN WERDEN WIR DEN
PUNKT UMSETZEN?

AN DIESEM TAG HABEN WIR
IHN TATSÄCHLICH
UMGESETZT:

SO WAR DIE ERFAHRUNG FÜR
UNS:

DIES HAT UNS BESONDERS
GEFALLEN:

DAS HABEN WIR DARAUS
GELERNT:

FOTO

WIESO IST UNS DIESER
PUNKT WICHTIG?

BIS WANN WERDEN WIR DEN
PUNKT UMSETZEN?

AN DIESEM TAG HABEN WIR
IHN TATSÄCHLICH
UMGESETZT:

SO WAR DIE ERFAHRUNG FÜR
UNS:

DIES HAT UNS BESONDERS
GEFALLEN:

DAS HABEN WIR DARAUS
GELERNT:

FOTO

WIESO IST UNS DIESER
PUNKT WICHTIG?

BIS WANN WERDEN WIR DEN
PUNKT UMSETZEN?

AN DIESEM TAG HABEN WIR
IHN TATSÄCHLICH
UMGESETZT:

SO WAR DIE ERFAHRUNG FÜR
UNS:

DIES HAT UNS BESONDERS
GEFALLEN:

DAS HABEN WIR DARAUS
GELERNT:

FOTO

WIESO IST UNS DIESER
PUNKT WICHTIG?

BIS WANN WERDEN WIR DEN
PUNKT UMSETZEN?

AN DIESEM TAG HABEN WIR
IHN TATSÄCHLICH
UMGESETZT:

SO WAR DIE ERFAHRUNG FÜR
UNS:

DIES HAT UNS BESONDERS
GEFALLEN:

DAS HABEN WIR DARAUS
GELERNT:

FOTO

WIESO IST UNS DIESER PUNKT WICHTIG?

BIS WANN WERDEN WIR DEN PUNKT UMSETZEN?

AN DIESEM TAG HABEN WIR IHN TATSÄCHLICH UMGESETZT:

SO WAR DIE ERFAHRUNG FÜR UNS:

DIES HAT UNS BESONDERS GEFALLEN:

DAS HABEN WIR DARAUS
GELERNT:

FOTO

WIESO IST UNS DIESER PUNKT WICHTIG?

BIS WANN WERDEN WIR DEN PUNKT UMSETZEN?

AN DIESEM TAG HABEN WIR IHN TATSÄCHLICH UMGESETZT:

SO WAR DIE ERFAHRUNG FÜR UNS:

DIES HAT UNS BESONDERS GEFALLEN:

DAS HABEN WIR DARAUS
GELERNT:

———————————————————————————

———————————————————————————

———————————————————————————

———————————————————————————

FOTO

WIESO IST UNS DIESER
PUNKT WICHTIG?

BIS WANN WERDEN WIR DEN
PUNKT UMSETZEN?

AN DIESEM TAG HABEN WIR
IHN TATSÄCHLICH
UMGESETZT:

SO WAR DIE ERFAHRUNG FÜR
UNS:

DIES HAT UNS BESONDERS
GEFALLEN:

DAS HABEN WIR DARAUS
GELERNT:

FOTO

WIESO IST UNS DIESER PUNKT WICHTIG?

BIS WANN WERDEN WIR DEN PUNKT UMSETZEN?

AN DIESEM TAG HABEN WIR IHN TATSÄCHLICH UMGESETZT:

SO WAR DIE ERFAHRUNG FÜR UNS:

DIES HAT UNS BESONDERS GEFALLEN:

DAS HABEN WIR DARAUS
GELERNT:

FOTO

WIESO IST UNS DIESER
PUNKT WICHTIG?

BIS WANN WERDEN WIR DEN
PUNKT UMSETZEN?

AN DIESEM TAG HABEN WIR
IHN TATSÄCHLICH
UMGESETZT:

SO WAR DIE ERFAHRUNG FÜR
UNS:

DIES HAT UNS BESONDERS
GEFALLEN:

DAS HABEN WIR DARAUS
GELERNT:

WIESO IST UNS DIESER PUNKT WICHTIG?

BIS WANN WERDEN WIR DEN PUNKT UMSETZEN?

AN DIESEM TAG HABEN WIR IHN TATSÄCHLICH UMGESETZT:

SO WAR DIE ERFAHRUNG FÜR UNS:

DIES HAT UNS BESONDERS GEFALLEN:

DAS HABEN WIR DARAUS
GELERNT:

FOTO

WIESO IST UNS DIESER PUNKT WICHTIG?

BIS WANN WERDEN WIR DEN PUNKT UMSETZEN?

AN DIESEM TAG HABEN WIR IHN TATSÄCHLICH UMGESETZT:

SO WAR DIE ERFAHRUNG FÜR UNS:

DIES HAT UNS BESONDERS GEFALLEN:

DAS HABEN WIR DARAUS
GELERNT:

FOTO

WIESO IST UNS DIESER
PUNKT WICHTIG?

BIS WANN WERDEN WIR DEN
PUNKT UMSETZEN?

AN DIESEM TAG HABEN WIR
IHN TATSÄCHLICH
UMGESETZT:

SO WAR DIE ERFAHRUNG FÜR
UNS:

DIES HAT UNS BESONDERS
GEFALLEN:

DAS HABEN WIR DARAUS
GELERNT:

FOTO

WIESO IST UNS DIESER
PUNKT WICHTIG?

BIS WANN WERDEN WIR DEN
PUNKT UMSETZEN?

AN DIESEM TAG HABEN WIR
IHN TATSÄCHLICH
UMGESETZT:

SO WAR DIE ERFAHRUNG FÜR
UNS:

DIES HAT UNS BESONDERS
GEFALLEN:

DAS HABEN WIR DARAUS
GELERNT:

FOTO

WIESO IST UNS DIESER PUNKT WICHTIG?

BIS WANN WERDEN WIR DEN PUNKT UMSETZEN?

AN DIESEM TAG HABEN WIR IHN TATSÄCHLICH UMGESETZT:

SO WAR DIE ERFAHRUNG FÜR UNS:

DIES HAT UNS BESONDERS GEFALLEN:

DAS HABEN WIR DARAUS
GELERNT:

FOTO

WIESO IST UNS DIESER PUNKT WICHTIG?

BIS WANN WERDEN WIR DEN PUNKT UMSETZEN?

AN DIESEM TAG HABEN WIR IHN TATSÄCHLICH UMGESETZT:

SO WAR DIE ERFAHRUNG FÜR UNS:

DIES HAT UNS BESONDERS GEFALLEN:

DAS HABEN WIR DARAUS GELERNT:

WIESO IST UNS DIESER PUNKT WICHTIG?

BIS WANN WERDEN WIR DEN PUNKT UMSETZEN?

AN DIESEM TAG HABEN WIR IHN TATSÄCHLICH UMGESETZT:

SO WAR DIE ERFAHRUNG FÜR UNS:

DIES HAT UNS BESONDERS GEFALLEN:

DAS HABEN WIR DARAUS
GELERNT:

FOTO

WIESO IST UNS DIESER PUNKT WICHTIG?

BIS WANN WERDEN WIR DEN PUNKT UMSETZEN?

AN DIESEM TAG HABEN WIR IHN TATSÄCHLICH UMGESETZT:

SO WAR DIE ERFAHRUNG FÜR UNS:

DIES HAT UNS BESONDERS GEFALLEN:

DAS HABEN WIR DARAUS
GELERNT:

FOTO

WIESO IST UNS DIESER PUNKT WICHTIG?

BIS WANN WERDEN WIR DEN PUNKT UMSETZEN?

AN DIESEM TAG HABEN WIR IHN TATSÄCHLICH UMGESETZT:

SO WAR DIE ERFAHRUNG FÜR UNS:

DIES HAT UNS BESONDERS GEFALLEN:

DAS HABEN WIR DARAUS
GELERNT:

FOTO

WIESO IST UNS DIESER
PUNKT WICHTIG?

BIS WANN WERDEN WIR DEN
PUNKT UMSETZEN?

AN DIESEM TAG HABEN WIR
IHN TATSÄCHLICH
UMGESETZT:

SO WAR DIE ERFAHRUNG FÜR
UNS:

DIES HAT UNS BESONDERS
GEFALLEN:

DAS HABEN WIR DARAUS
GELERNT:

WIESO IST UNS DIESER PUNKT WICHTIG?

BIS WANN WERDEN WIR DEN PUNKT UMSETZEN?

AN DIESEM TAG HABEN WIR IHN TATSÄCHLICH UMGESETZT:

SO WAR DIE ERFAHRUNG FÜR UNS:

DIES HAT UNS BESONDERS GEFALLEN:

DAS HABEN WIR DARAUS
GELERNT:

FOTO

WIESO IST UNS DIESER
PUNKT WICHTIG?

BIS WANN WERDEN WIR DEN
PUNKT UMSETZEN?

AN DIESEM TAG HABEN WIR
IHN TATSÄCHLICH
UMGESETZT:

SO WAR DIE ERFAHRUNG FÜR
UNS:

DIES HAT UNS BESONDERS
GEFALLEN:

DAS HABEN WIR DARAUS
GELERNT:

WIESO IST UNS DIESER
PUNKT WICHTIG?

BIS WANN WERDEN WIR DEN
PUNKT UMSETZEN?

AN DIESEM TAG HABEN WIR
IHN TATSÄCHLICH
UMGESETZT:

SO WAR DIE ERFAHRUNG FÜR
UNS:

DIES HAT UNS BESONDERS
GEFALLEN:

DAS HABEN WIR DARAUS
GELERNT:

FOTO

WIESO IST UNS DIESER
PUNKT WICHTIG?

BIS WANN WERDEN WIR DEN
PUNKT UMSETZEN?

AN DIESEM TAG HABEN WIR
IHN TATSÄCHLICH
UMGESETZT:

SO WAR DIE ERFAHRUNG FÜR
UNS:

DIES HAT UNS BESONDERS
GEFALLEN:

DAS HABEN WIR DARAUS
GELERNT:

FOTO

WIESO IST UNS DIESER PUNKT WICHTIG?

BIS WANN WERDEN WIR DEN PUNKT UMSETZEN?

AN DIESEM TAG HABEN WIR IHN TATSÄCHLICH UMGESETZT:

SO WAR DIE ERFAHRUNG FÜR UNS:

DIES HAT UNS BESONDERS GEFALLEN:

DAS HABEN WIR DARAUS
GELERNT:

FOTO

WIESO IST UNS DIESER
PUNKT WICHTIG?

BIS WANN WERDEN WIR DEN
PUNKT UMSETZEN?

AN DIESEM TAG HABEN WIR
IHN TATSÄCHLICH
UMGESETZT:

SO WAR DIE ERFAHRUNG FÜR
UNS:

DIES HAT UNS BESONDERS
GEFALLEN:

DAS HABEN WIR DARAUS
GELERNT:

WIESO IST UNS DIESER
PUNKT WICHTIG?

BIS WANN WERDEN WIR DEN
PUNKT UMSETZEN?

AN DIESEM TAG HABEN WIR
IHN TATSÄCHLICH
UMGESETZT:

SO WAR DIE ERFAHRUNG FÜR
UNS:

DIES HAT UNS BESONDERS
GEFALLEN:

DAS HABEN WIR DARAUS
GELERNT:

WIESO IST UNS DIESER
PUNKT WICHTIG?

BIS WANN WERDEN WIR DEN
PUNKT UMSETZEN?

AN DIESEM TAG HABEN WIR
IHN TATSÄCHLICH
UMGESETZT:

SO WAR DIE ERFAHRUNG FÜR
UNS:

DIES HAT UNS BESONDERS
GEFALLEN:

DAS HABEN WIR DARAUS
GELERNT:

FOTO

WIESO IST UNS DIESER PUNKT WICHTIG?

BIS WANN WERDEN WIR DEN PUNKT UMSETZEN?

AN DIESEM TAG HABEN WIR IHN TATSÄCHLICH UMGESETZT:

SO WAR DIE ERFAHRUNG FÜR UNS:

DIES HAT UNS BESONDERS GEFALLEN:

DAS HABEN WIR DARAUS
GELERNT:

FOTO

WIESO IST UNS DIESER
PUNKT WICHTIG?

BIS WANN WERDEN WIR DEN
PUNKT UMSETZEN?

AN DIESEM TAG HABEN WIR
IHN TATSÄCHLICH
UMGESETZT:

SO WAR DIE ERFAHRUNG FÜR
UNS:

DIES HAT UNS BESONDERS
GEFALLEN:

DAS HABEN WIR DARAUS
GELERNT:

FOTO

WIESO IST UNS DIESER
PUNKT WICHTIG?

BIS WANN WERDEN WIR DEN
PUNKT UMSETZEN?

AN DIESEM TAG HABEN WIR
IHN TATSÄCHLICH
UMGESETZT:

SO WAR DIE ERFAHRUNG FÜR
UNS:

DIES HAT UNS BESONDERS
GEFALLEN:

DAS HABEN WIR DARAUS
GELERNT:

FOTO

WIESO IST UNS DIESER
PUNKT WICHTIG?

BIS WANN WERDEN WIR DEN
PUNKT UMSETZEN?

AN DIESEM TAG HABEN WIR
IHN TATSÄCHLICH
UMGESETZT:

SO WAR DIE ERFAHRUNG FÜR
UNS:

DIES HAT UNS BESONDERS
GEFALLEN:

DAS HABEN WIR DARAUS GELERNT:

FOTO

WIESO IST UNS DIESER PUNKT WICHTIG?

BIS WANN WERDEN WIR DEN PUNKT UMSETZEN?

AN DIESEM TAG HABEN WIR IHN TATSÄCHLICH UMGESETZT:

SO WAR DIE ERFAHRUNG FÜR UNS:

DIES HAT UNS BESONDERS GEFALLEN:

DAS HABEN WIR DARAUS
GELERNT:

FOTO

WIESO IST UNS DIESER
PUNKT WICHTIG?

BIS WANN WERDEN WIR DEN
PUNKT UMSETZEN?

AN DIESEM TAG HABEN WIR
IHN TATSÄCHLICH
UMGESETZT:

SO WAR DIE ERFAHRUNG FÜR
UNS:

DIES HAT UNS BESONDERS
GEFALLEN:

DAS HABEN WIR DARAUS
GELERNT:

FOTO

WIESO IST UNS DIESER PUNKT WICHTIG?

BIS WANN WERDEN WIR DEN PUNKT UMSETZEN?

AN DIESEM TAG HABEN WIR IHN TATSÄCHLICH UMGESETZT:

SO WAR DIE ERFAHRUNG FÜR UNS:

DIES HAT UNS BESONDERS GEFALLEN:

DAS HABEN WIR DARAUS
GELERNT:

FOTO

WIESO IST UNS DIESER
PUNKT WICHTIG?

BIS WANN WERDEN WIR DEN
PUNKT UMSETZEN?

AN DIESEM TAG HABEN WIR
IHN TATSÄCHLICH
UMGESETZT:

SO WAR DIE ERFAHRUNG FÜR
UNS:

DIES HAT UNS BESONDERS
GEFALLEN:

DAS HABEN WIR DARAUS
GELERNT:

FOTO

WIESO IST UNS DIESER PUNKT WICHTIG?

BIS WANN WERDEN WIR DEN PUNKT UMSETZEN?

AN DIESEM TAG HABEN WIR IHN TATSÄCHLICH UMGESETZT:

SO WAR DIE ERFAHRUNG FÜR UNS:

DIES HAT UNS BESONDERS GEFALLEN:

DAS HABEN WIR DARAUS
GELERNT:

FOTO

WIESO IST UNS DIESER
PUNKT WICHTIG?

BIS WANN WERDEN WIR DEN
PUNKT UMSETZEN?

AN DIESEM TAG HABEN WIR
IHN TATSÄCHLICH
UMGESETZT:

SO WAR DIE ERFAHRUNG FÜR
UNS:

DIES HAT UNS BESONDERS
GEFALLEN:

DAS HABEN WIR DARAUS
GELERNT:

FOTO

WIESO IST UNS DIESER PUNKT WICHTIG?

BIS WANN WERDEN WIR DEN PUNKT UMSETZEN?

AN DIESEM TAG HABEN WIR IHN TATSÄCHLICH UMGESETZT:

SO WAR DIE ERFAHRUNG FÜR UNS:

DIES HAT UNS BESONDERS GEFALLEN:

DAS HABEN WIR DARAUS
GELERNT:

FOTO

WIESO IST UNS DIESER PUNKT WICHTIG?

BIS WANN WERDEN WIR DEN PUNKT UMSETZEN?

AN DIESEM TAG HABEN WIR IHN TATSÄCHLICH UMGESETZT:

SO WAR DIE ERFAHRUNG FÜR UNS:

DIES HAT UNS BESONDERS GEFALLEN:

DAS HABEN WIR DARAUS
GELERNT:

WIESO IST UNS DIESER PUNKT WICHTIG?

BIS WANN WERDEN WIR DEN PUNKT UMSETZEN?

AN DIESEM TAG HABEN WIR IHN TATSÄCHLICH UMGESETZT:

SO WAR DIE ERFAHRUNG FÜR UNS:

DIES HAT UNS BESONDERS GEFALLEN:

DAS HABEN WIR DARAUS
GELERNT:

FOTO

WIESO IST UNS DIESER
PUNKT WICHTIG?

BIS WANN WERDEN WIR DEN
PUNKT UMSETZEN?

AN DIESEM TAG HABEN WIR
IHN TATSÄCHLICH
UMGESETZT:

SO WAR DIE ERFAHRUNG FÜR
UNS:

DIES HAT UNS BESONDERS
GEFALLEN:

DAS HABEN WIR DARAUS
GELERNT:

FOTO

WIESO IST UNS DIESER
PUNKT WICHTIG?

BIS WANN WERDEN WIR DEN
PUNKT UMSETZEN?

AN DIESEM TAG HABEN WIR
IHN TATSÄCHLICH
UMGESETZT:

SO WAR DIE ERFAHRUNG FÜR
UNS:

DIES HAT UNS BESONDERS
GEFALLEN:

DAS HABEN WIR DARAUS
GELERNT:

FOTO

WIESO IST UNS DIESER
PUNKT WICHTIG?

BIS WANN WERDEN WIR DEN
PUNKT UMSETZEN?

AN DIESEM TAG HABEN WIR
IHN TATSÄCHLICH
UMGESETZT:

SO WAR DIE ERFAHRUNG FÜR
UNS:

DIES HAT UNS BESONDERS
GEFALLEN:

DAS HABEN WIR DARAUS
GELERNT:

FOTO

WIESO IST UNS DIESER
PUNKT WICHTIG?

BIS WANN WERDEN WIR DEN
PUNKT UMSETZEN?

AN DIESEM TAG HABEN WIR
IHN TATSÄCHLICH
UMGESETZT:

SO WAR DIE ERFAHRUNG FÜR
UNS:

DIES HAT UNS BESONDERS
GEFALLEN:

DAS HABEN WIR DARAUS
GELERNT:

FOTO

WIESO IST UNS DIESER
PUNKT WICHTIG?

BIS WANN WERDEN WIR DEN
PUNKT UMSETZEN?

AN DIESEM TAG HABEN WIR
IHN TATSÄCHLICH
UMGESETZT:

SO WAR DIE ERFAHRUNG FÜR
UNS:

DIES HAT UNS BESONDERS
GEFALLEN:

DAS HABEN WIR DARAUS
GELERNT:

FOTO

WIESO IST UNS DIESER
PUNKT WICHTIG?

BIS WANN WERDEN WIR DEN
PUNKT UMSETZEN?

AN DIESEM TAG HABEN WIR
IHN TATSÄCHLICH
UMGESETZT:

SO WAR DIE ERFAHRUNG FÜR
UNS:

DIES HAT UNS BESONDERS
GEFALLEN:

DAS HABEN WIR DARAUS
GELERNT:

FOTO

WIESO IST UNS DIESER
PUNKT WICHTIG?

BIS WANN WERDEN WIR DEN
PUNKT UMSETZEN?

AN DIESEM TAG HABEN WIR
IHN TATSÄCHLICH
UMGESETZT:

SO WAR DIE ERFAHRUNG FÜR
UNS:

DIES HAT UNS BESONDERS
GEFALLEN:

DAS HABEN WIR DARAUS
GELERNT:

FOTO

WIESO IST UNS DIESER PUNKT WICHTIG?

BIS WANN WERDEN WIR DEN PUNKT UMSETZEN?

AN DIESEM TAG HABEN WIR IHN TATSÄCHLICH UMGESETZT:

SO WAR DIE ERFAHRUNG FÜR UNS:

DIES HAT UNS BESONDERS GEFALLEN:

DAS HABEN WIR DARAUS
GELERNT:

FOTO

WIESO IST UNS DIESER
PUNKT WICHTIG?

BIS WANN WERDEN WIR DEN
PUNKT UMSETZEN?

AN DIESEM TAG HABEN WIR
IHN TATSÄCHLICH
UMGESETZT:

SO WAR DIE ERFAHRUNG FÜR
UNS:

DIES HAT UNS BESONDERS
GEFALLEN:

DAS HABEN WIR DARAUS GELERNT:

WIESO IST UNS DIESER
PUNKT WICHTIG?

BIS WANN WERDEN WIR DEN
PUNKT UMSETZEN?

AN DIESEM TAG HABEN WIR
IHN TATSÄCHLICH
UMGESETZT:

SO WAR DIE ERFAHRUNG FÜR
UNS:

DIES HAT UNS BESONDERS
GEFALLEN:

DAS HABEN WIR DARAUS
GELERNT:

WIESO IST UNS DIESER
PUNKT WICHTIG?

BIS WANN WERDEN WIR DEN
PUNKT UMSETZEN?

AN DIESEM TAG HABEN WIR
IHN TATSÄCHLICH
UMGESETZT:

SO WAR DIE ERFAHRUNG FÜR
UNS:

DIES HAT UNS BESONDERS
GEFALLEN:

DAS HABEN WIR DARAUS
GELERNT:

FOTO

WIESO IST UNS DIESER
PUNKT WICHTIG?

BIS WANN WERDEN WIR DEN
PUNKT UMSETZEN?

AN DIESEM TAG HABEN WIR
IHN TATSÄCHLICH
UMGESETZT:

SO WAR DIE ERFAHRUNG FÜR
UNS:

DIES HAT UNS BESONDERS
GEFALLEN:

DAS HABEN WIR DARAUS
GELERNT:

FOTO

WIESO IST UNS DIESER PUNKT WICHTIG?

BIS WANN WERDEN WIR DEN PUNKT UMSETZEN?

AN DIESEM TAG HABEN WIR IHN TATSÄCHLICH UMGESETZT:

SO WAR DIE ERFAHRUNG FÜR UNS:

DIES HAT UNS BESONDERS GEFALLEN:

DAS HABEN WIR DARAUS
GELERNT:

FOTO

69

WIESO IST UNS DIESER PUNKT WICHTIG?

BIS WANN WERDEN WIR DEN PUNKT UMSETZEN?

AN DIESEM TAG HABEN WIR IHN TATSÄCHLICH UMGESETZT:

SO WAR DIE ERFAHRUNG FÜR UNS:

DIES HAT UNS BESONDERS GEFALLEN:

DAS HABEN WIR DARAUS GELERNT:

FOTO

WIESO IST UNS DIESER
PUNKT WICHTIG?

BIS WANN WERDEN WIR DEN
PUNKT UMSETZEN?

AN DIESEM TAG HABEN WIR
IHN TATSÄCHLICH
UMGESETZT:

SO WAR DIE ERFAHRUNG FÜR
UNS:

DIES HAT UNS BESONDERS
GEFALLEN:

DAS HABEN WIR DARAUS GELERNT:

FOTO

WIESO IST UNS DIESER PUNKT WICHTIG?

BIS WANN WERDEN WIR DEN PUNKT UMSETZEN?

AN DIESEM TAG HABEN WIR IHN TATSÄCHLICH UMGESETZT:

SO WAR DIE ERFAHRUNG FÜR UNS:

DIES HAT UNS BESONDERS GEFALLEN:

DAS HABEN WIR DARAUS
GELERNT:

FOTO

WIESO IST UNS DIESER PUNKT WICHTIG?

BIS WANN WERDEN WIR DEN PUNKT UMSETZEN?

AN DIESEM TAG HABEN WIR IHN TATSÄCHLICH UMGESETZT:

SO WAR DIE ERFAHRUNG FÜR UNS:

DIES HAT UNS BESONDERS GEFALLEN:

DAS HABEN WIR DARAUS
GELERNT:

WIESO IST UNS DIESER
PUNKT WICHTIG?

BIS WANN WERDEN WIR DEN
PUNKT UMSETZEN?

AN DIESEM TAG HABEN WIR
IHN TATSÄCHLICH
UMGESETZT:

SO WAR DIE ERFAHRUNG FÜR
UNS:

DIES HAT UNS BESONDERS
GEFALLEN:

DAS HABEN WIR DARAUS
GELERNT:

FOTO

WIESO IST UNS DIESER PUNKT WICHTIG?

BIS WANN WERDEN WIR DEN PUNKT UMSETZEN?

AN DIESEM TAG HABEN WIR IHN TATSÄCHLICH UMGESETZT:

SO WAR DIE ERFAHRUNG FÜR UNS:

DIES HAT UNS BESONDERS GEFALLEN:

DAS HABEN WIR DARAUS
GELERNT:

FOTO

WIESO IST UNS DIESER PUNKT WICHTIG?

BIS WANN WERDEN WIR DEN PUNKT UMSETZEN?

AN DIESEM TAG HABEN WIR IHN TATSÄCHLICH UMGESETZT:

SO WAR DIE ERFAHRUNG FÜR UNS:

DIES HAT UNS BESONDERS GEFALLEN:

DAS HABEN WIR DARAUS
GELERNT:

FOTO

WIESO IST UNS DIESER
PUNKT WICHTIG?

BIS WANN WERDEN WIR DEN
PUNKT UMSETZEN?

AN DIESEM TAG HABEN WIR
IHN TATSÄCHLICH
UMGESETZT:

SO WAR DIE ERFAHRUNG FÜR
UNS:

DIES HAT UNS BESONDERS
GEFALLEN:

DAS HABEN WIR DARAUS
GELERNT:

FOTO

WIESO IST UNS DIESER
PUNKT WICHTIG?

BIS WANN WERDEN WIR DEN
PUNKT UMSETZEN?

AN DIESEM TAG HABEN WIR
IHN TATSÄCHLICH
UMGESETZT:

SO WAR DIE ERFAHRUNG FÜR
UNS:

DIES HAT UNS BESONDERS
GEFALLEN:

DAS HABEN WIR DARAUS
GELERNT:

FOTO

WIESO IST UNS DIESER PUNKT WICHTIG?

BIS WANN WERDEN WIR DEN PUNKT UMSETZEN?

AN DIESEM TAG HABEN WIR IHN TATSÄCHLICH UMGESETZT:

SO WAR DIE ERFAHRUNG FÜR UNS:

DIES HAT UNS BESONDERS GEFALLEN:

DAS HABEN WIR DARAUS
GELERNT:

FOTO

WIESO IST UNS DIESER PUNKT WICHTIG?

BIS WANN WERDEN WIR DEN PUNKT UMSETZEN?

AN DIESEM TAG HABEN WIR IHN TATSÄCHLICH UMGESETZT:

SO WAR DIE ERFAHRUNG FÜR UNS:

DIES HAT UNS BESONDERS GEFALLEN:

DAS HABEN WIR DARAUS
GELERNT:

WIESO IST UNS DIESER
PUNKT WICHTIG?

BIS WANN WERDEN WIR DEN
PUNKT UMSETZEN?

AN DIESEM TAG HABEN WIR
IHN TATSÄCHLICH
UMGESETZT:

SO WAR DIE ERFAHRUNG FÜR
UNS:

DIES HAT UNS BESONDERS
GEFALLEN:

DAS HABEN WIR DARAUS
GELERNT:

FOTO

WIESO IST UNS DIESER PUNKT WICHTIG?

BIS WANN WERDEN WIR DEN PUNKT UMSETZEN?

AN DIESEM TAG HABEN WIR IHN TATSÄCHLICH UMGESETZT:

SO WAR DIE ERFAHRUNG FÜR UNS:

DIES HAT UNS BESONDERS GEFALLEN:

DAS HABEN WIR DARAUS
GELERNT:

FOTO

WIESO IST UNS DIESER PUNKT WICHTIG?

BIS WANN WERDEN WIR DEN PUNKT UMSETZEN?

AN DIESEM TAG HABEN WIR IHN TATSÄCHLICH UMGESETZT:

SO WAR DIE ERFAHRUNG FÜR UNS:

DIES HAT UNS BESONDERS GEFALLEN:

DAS HABEN WIR DARAUS
GELERNT:

FOTO

WIESO IST UNS DIESER PUNKT WICHTIG?

BIS WANN WERDEN WIR DEN PUNKT UMSETZEN?

AN DIESEM TAG HABEN WIR IHN TATSÄCHLICH UMGESETZT:

SO WAR DIE ERFAHRUNG FÜR UNS:

DIES HAT UNS BESONDERS GEFALLEN:

DAS HABEN WIR DARAUS
GELERNT:

WIESO IST UNS DIESER
PUNKT WICHTIG?

BIS WANN WERDEN WIR DEN
PUNKT UMSETZEN?

AN DIESEM TAG HABEN WIR
IHN TATSÄCHLICH
UMGESETZT:

SO WAR DIE ERFAHRUNG FÜR
UNS:

DIES HAT UNS BESONDERS
GEFALLEN:

DAS HABEN WIR DARAUS GELERNT:

FOTO

WIESO IST UNS DIESER
PUNKT WICHTIG?

BIS WANN WERDEN WIR DEN
PUNKT UMSETZEN?

AN DIESEM TAG HABEN WIR
IHN TATSÄCHLICH
UMGESETZT:

SO WAR DIE ERFAHRUNG FÜR
UNS:

DIES HAT UNS BESONDERS
GEFALLEN:

DAS HABEN WIR DARAUS
GELERNT:

WIESO IST UNS DIESER
PUNKT WICHTIG?

BIS WANN WERDEN WIR DEN
PUNKT UMSETZEN?

AN DIESEM TAG HABEN WIR
IHN TATSÄCHLICH
UMGESETZT:

SO WAR DIE ERFAHRUNG FÜR
UNS:

DIES HAT UNS BESONDERS
GEFALLEN:

DAS HABEN WIR DARAUS
GELERNT:

WIESO IST UNS DIESER
PUNKT WICHTIG?

BIS WANN WERDEN WIR DEN
PUNKT UMSETZEN?

AN DIESEM TAG HABEN WIR
IHN TATSÄCHLICH
UMGESETZT:

SO WAR DIE ERFAHRUNG FÜR
UNS:

DIES HAT UNS BESONDERS
GEFALLEN:

DAS HABEN WIR DARAUS
GELERNT:

FOTO

WIESO IST UNS DIESER
PUNKT WICHTIG?

BIS WANN WERDEN WIR DEN
PUNKT UMSETZEN?

AN DIESEM TAG HABEN WIR
IHN TATSÄCHLICH
UMGESETZT:

SO WAR DIE ERFAHRUNG FÜR
UNS:

DIES HAT UNS BESONDERS
GEFALLEN:

DAS HABEN WIR DARAUS
GELERNT:

FOTO

WIESO IST UNS DIESER
PUNKT WICHTIG?

BIS WANN WERDEN WIR DEN
PUNKT UMSETZEN?

AN DIESEM TAG HABEN WIR
IHN TATSÄCHLICH
UMGESETZT:

SO WAR DIE ERFAHRUNG FÜR
UNS:

DIES HAT UNS BESONDERS
GEFALLEN:

DAS HABEN WIR DARAUS
GELERNT:

_____

_____

_____

_____

FOTO

WIESO IST UNS DIESER
PUNKT WICHTIG?

BIS WANN WERDEN WIR DEN
PUNKT UMSETZEN?

AN DIESEM TAG HABEN WIR
IHN TATSÄCHLICH
UMGESETZT:

SO WAR DIE ERFAHRUNG FÜR
UNS:

DIES HAT UNS BESONDERS
GEFALLEN:

DAS HABEN WIR DARAUS
GELERNT:

WIESO IST UNS DIESER PUNKT WICHTIG?

BIS WANN WERDEN WIR DEN PUNKT UMSETZEN?

AN DIESEM TAG HABEN WIR IHN TATSÄCHLICH UMGESETZT:

SO WAR DIE ERFAHRUNG FÜR UNS:

DIES HAT UNS BESONDERS GEFALLEN:

DAS HABEN WIR DARAUS
GELERNT:

WIESO IST UNS DIESER
PUNKT WICHTIG?

BIS WANN WERDEN WIR DEN
PUNKT UMSETZEN?

AN DIESEM TAG HABEN WIR
IHN TATSÄCHLICH
UMGESETZT:

SO WAR DIE ERFAHRUNG FÜR
UNS:

DIES HAT UNS BESONDERS
GEFALLEN:

DAS HABEN WIR DARAUS GELERNT:

_____

_____

_____

_____

FOTO

WIESO IST UNS DIESER
PUNKT WICHTIG?

BIS WANN WERDEN WIR DEN
PUNKT UMSETZEN?

AN DIESEM TAG HABEN WIR
IHN TATSÄCHLICH
UMGESETZT:

SO WAR DIE ERFAHRUNG FÜR
UNS:

DIES HAT UNS BESONDERS
GEFALLEN:

DAS HABEN WIR DARAUS
GELERNT:

FOTO

WIESO IST UNS DIESER PUNKT WICHTIG?

BIS WANN WERDEN WIR DEN PUNKT UMSETZEN?

AN DIESEM TAG HABEN WIR IHN TATSÄCHLICH UMGESETZT:

SO WAR DIE ERFAHRUNG FÜR UNS:

DIES HAT UNS BESONDERS GEFALLEN:

DAS HABEN WIR DARAUS
GELERNT:

FOTO

WIESO IST UNS DIESER
PUNKT WICHTIG?

BIS WANN WERDEN WIR DEN
PUNKT UMSETZEN?

AN DIESEM TAG HABEN WIR
IHN TATSÄCHLICH
UMGESETZT:

SO WAR DIE ERFAHRUNG FÜR
UNS:

DIES HAT UNS BESONDERS
GEFALLEN:

DAS HABEN WIR DARAUS
GELERNT:

FOTO

WIESO IST UNS DIESER
PUNKT WICHTIG?

BIS WANN WERDEN WIR DEN
PUNKT UMSETZEN?

AN DIESEM TAG HABEN WIR
IHN TATSÄCHLICH
UMGESETZT:

SO WAR DIE ERFAHRUNG FÜR
UNS:

DIES HAT UNS BESONDERS
GEFALLEN:

DAS HABEN WIR DARAUS GELERNT:

FOTO

WIESO IST UNS DIESER PUNKT WICHTIG?

BIS WANN WERDEN WIR DEN PUNKT UMSETZEN?

AN DIESEM TAG HABEN WIR IHN TATSÄCHLICH UMGESETZT:

SO WAR DIE ERFAHRUNG FÜR UNS:

DIES HAT UNS BESONDERS GEFALLEN:

DAS HABEN WIR DARAUS
GELERNT:

WIESO IST UNS DIESER
PUNKT WICHTIG?

BIS WANN WERDEN WIR DEN
PUNKT UMSETZEN?

AN DIESEM TAG HABEN WIR
IHN TATSÄCHLICH
UMGESETZT:

SO WAR DIE ERFAHRUNG FÜR
UNS:

DIES HAT UNS BESONDERS
GEFALLEN:

DAS HABEN WIR DARAUS
GELERNT:

FOTO

WIESO IST UNS DIESER PUNKT WICHTIG?

BIS WANN WERDEN WIR DEN PUNKT UMSETZEN?

AN DIESEM TAG HABEN WIR IHN TATSÄCHLICH UMGESETZT:

SO WAR DIE ERFAHRUNG FÜR UNS:

DIES HAT UNS BESONDERS GEFALLEN:

DAS HABEN WIR DARAUS
GELERNT:

WIESO IST UNS DIESER
PUNKT WICHTIG?

BIS WANN WERDEN WIR DEN
PUNKT UMSETZEN?

AN DIESEM TAG HABEN WIR
IHN TATSÄCHLICH
UMGESETZT:

SO WAR DIE ERFAHRUNG FÜR
UNS:

DIES HAT UNS BESONDERS
GEFALLEN:

DAS HABEN WIR DARAUS
GELERNT:

FOTO

www.ingramcontent.com/pod-product-compliance
Lightning Source LLC
Chambersburg PA
CBHW081417220526
45466CB00014B/2295